Markus Gossmer

Das Notepad-Kompendium ;-)
Die Bibel zum schnellsten Windows-Editor der Welt
Natürlich ohne Abbildungen

Ein nicht ganz ernstzunehmendes Nachschlagewerk, verfasst in Notepads Standardschrift und einem Haufen Blindtext ohne Silbentrennung.

(c) 2008 Markus Gossmer

Bibliografische Information der Deutschen Nationalbibliothek
Die Deutsche Nationalbibliothek verzeichnet diese Publikation in der Deutschen Nationalbibliografie; detaillierte bibliografische Daten sind im Internet über http://dnb.d-nb.de abrufbar.

Herstellung und Verlag:
Books on Demand GmbH, Norderstedt
ISBN-13: 978-3-8370-6560-2

Inhaltsverzeichnis

Einleitung 5
  Notepad – der Windows-Editor 6
  Die Entwicklung 8
Notepad beherrschen 9
  Notepad starten 10
  Notepad customizen 12
  Text eingeben 13
  ...und speichern 15
  Dateien öffnen 16
  Text zu breit? Zeilenumbrüche einschalten! 17
  Textblöcke manipulieren 18
  Suchen und Ersetzen im Text 21
  Layout unter Notepad ausreizen 23
  Dateien auf den Druck vorbereiten 24
  Dokument drucken 26
Notepad behind the Scenes 27
  Webseiten mit Notepad gestalten 28
  Notepad als Mail-Editor 31
  Geheime Steuerbefehle 34
  Notepad als Grafik-Programm 35
  Verwenden verschiedener Sprachformate im Editor 37
  Notepad programmieren 39
  Source-Code mit Notepad bearbeiten 41

   Tastaturkürzel 55
   Notepads Hidden Easter Egg 67
   Kommandozeilen-Parameter der notepad.exe .. 68
   Geheime Registry-Keys 69
   Alternativen zu Notepad 71
Literatur und Links......................... 72

Einleitung

Notepad – der Windows-Editor

Notepad ist ein in Windows integrierter, extrem schneller Editor zur Anzeige und zur Bearbeitung sämtlicher textbasierter Dateitypen. Notepad ist unglaublich leistungsfähig: mit ihm kann man nicht nur Textdateien anschauen oder Log-Dateien analysieren, sondern sogar Konfigurationsdateien von Programmen ändern oder farbige Webseiten erstellen.

Dazu ist Notepad extrem sicher. So ist es nicht möglich, aus Versehen spezielle Formatierungen in einem Dokument zu speichern, was einem besonders bei der Erstellung von Webseiten zu Gute kommt. Nein, der Editor überlebt sogar Stromausfälle: wenn der Laptop mangels Akkukapazität abrupt in den Ruhezustand wechselt und an der Steckdose wieder erwacht, kann man ohne Datenverlust an seinem Buchprojekt weiterarbeiten.

Das ist natürlich nicht alles. Formate wie "Unicode", "ANSI", "UTF-8" oder "Big-Endian-Unicode" sind für die meisten ein Fremdwort, für Notepad nur Routine. Diese Zeichensatz-Formate prädestinieren Notepad z.B. für den Umgang mit chinesischen Dokumenten.

Trotz dieser Leitungsfülle startet Notepad in gefühlten und kaum messbaren 1.3 Millisekunden (*).

(*) der Benchmark wurde auf einem neu installierten Windows XP durchgeführt; Festplatte mit 15.000 rpm war frisch defragmentiert; Start des Editos über das Startmenü ohne Dokument.

Und das Beste: der Editor ist KOSTENLOS und auf jedem Windows-Rechner zu finden. Genügend Gründe also, mit diesem Kompendium Notepad mal ein Denkmal zu setzen.

Die Entwicklung

Notepad gibt es schon, seit dem es Windows gibt. Zur Drucklegung dieses Buches ist bereits die Version 6.0 aktuell.

Seit seiner ersten Version wird Notepad behutsam weiterentwickelt. Im Laufe der Jahre ist so beispielsweise das Tastaturkürzel „Ctrl-S" für schnelles, unbewusstes Speichern von Dateien hinzugekommen. Im Gegensatz zu den ersten Versionen lassen sich so langsam auch Dateien zur Lebenszeit unseres Universums öffnen, die die Grösse der notepad.exe um einige Kilobyte übersteigen. In einer späteren Version hat Notepad auch das Suchen und Ersetzen gelernt. Die Notepad-Entwicklermannschaft hat sogar noch Zeit gefunden, Notepad mit einem Hidden Easter Egg zu versehen (wird später erläutert), was aber in Windows Vista aus Kostengründen wieder entfernt wurde.

Notepad beherrschen

Notepad starten

Notepad lässt sich auf verschiedene Arten starten und passt sich damit den Anwenderkenntnissen an – vom Einsteiger bis zum Programmierer ist für jeden etwas dabei.

1. Über das Start-Menü (für Anwender):

    Klicken Sie auf „Start – (Alle) Programme – Zubehör – Notepad".

2. Über den Windows-Explorer (für Power-User):

    Starten Sie den Windows-Explorer, wechseln Sie ins Verzeichnis „%SystemRoot%" und doppelklicken Sie dort auf die Datei „Notepad[.exe]".

3. Über die Kommandozeile (für Profis):

    Starten Sie die Kommandozeile und führen Sie dabei folgenden Befehl aus: „notepad". Hier spürt man schon die Mächtigkeit des Editors. Egal, in welchem Verzeichnis man sich befindet, er startet blitzschnell ohne Meckern und Murren. Notepad ist auf Ihrem System allgegenwärtig, Sie wussten es vielleicht bisher nur noch nicht.

4. Für Programmierer:

Schreiben Sie sich eine Batch-Datei „notepad.bat" mit folgendem Inhalt:

```
@echo off
echo Starting Notepad...
if exist %1 echo ... loading existing file
else echo ...and creating new file
%SystemRoot%\notepad.exe %1
exit
```

Dieser Batch-Datei können Sie per Parameter den Namen einer existierenden oder neu zu erstellenden Datei mitgeben. Den Rest erledigt dann die Batch-Datei im Zusammenspiel mit Notepad für Sie.

Wichtig: schreiben Sie die Batch-Datei gleich mit Notepad, um sich an den Editor zu gewöhnen.

Natürlich gibt es noch mehr Startmöglichkeiten, die für sich genommen schon ein eigenes

Kompendium füllen würden. Zum Beispiel lässt sich der Start Notepads mit jedem beliebigem Tastaturkürzel der Welt hinterlegen, so dass der Fantasie keine Grenzen gesetzt sind. Eine davon ist auch auf Ihrem deutschsprachigen Windows eingerichtet (sofern es sich noch in einem einigermassen frischen Zustand befindet). Drücken Sie einfach folgende Tasten nacheinander: Windows-Taste, P, Cursor-Taste nach rechts, Z, Cursor-Taste nach rechts, Z, E, Enter, und Notepad sollte starten.

Notepad customizen

Das Programmfenster Notepads lässt sich nahezu beliebig in der Grösse anpassen, was am besten mit Hilfe der Maus durchgeführt wird. Notepad wächst auch mit Ihren Anforderungen: je grösser Ihr Bildschirm (oder deren Anzahl) und je höher Ihre Auflösung im Laufe der Jahre wachsen, desto grösser kann auch das Notepad-Fenster werden. Notepad ist bereits jetzt für die Zukunft bestens gerüstet.

Text eingeben

Ist der Editor gestartet, können Sie gleich anfangen zu arbeiten. Tippen Sie einfach auf Ihre Tastatur, und Notepad wird die Eingaben entgegennehmen und zu einem Text vervollständigen. Gerade diese Funktion begeistert Millionen Anwender auf dieser Welt, da sie wie kaum eine andere einfach, intuitiv und effizient ist.

Ich empfehle, sich mit folgendem Test-Text an die umfangreichen Möglichkeiten Notepads heranzutasten. Wahlweise können Sie diesen mit zwei oder bis zu zehn Fingern eingeben. Der Editor erkennt von Haus aus sämtliche Eingabepräferenzen und passt sich Ihnen an.

Hinweis: aufgrund der neuen deutschen Rechtschreibregeln verzichtet Notepad auf eine ressourcenfressende Rechtschreibprüfung. Sie können jetzt endlich schreiben wie Sie wollen - der Editor lässt Ihnen alle Freiheiten.

Test-Text:

Lorem ipsum dolor sit amet, consectetuer sadipscing elitr, sed diam nonumy eirmod tempor invidunt ut labore et dolore magna aliquyam erat, sed diam voluptua. At vero eos et accusam et justo duo dolores et ea rebum. Stet clita kasd gubergren, no sea takimata sanctus est Lorem ipsum dolor sit amet. Lorem ipsum dolor sit amet, consetetur sadipscing elitr, sed diam nonumy eirmod tempor invidunt ut labore et dolore magna aliquyam erat, sed diam voluptua. At vero eos et accusam et justo duo dolores et ea rebum. Stet clita kasd gubergren, no sea takimata sanctus est Lorem ipsum dolor sit amet. Lorem ipsum dolor sit amet, consetetur sadipscing elitr, sed diam nonumy eirmod tempor invidunt ut labore et dolore magna aliquyam erat, sed diam voluptua. At vero eos et accusam et justo duo dolores et ea rebum. Stet clita kasd gubergren, no sea takimata sanctus est Lorem ipsum dolor sit amet.

Duis autem vel eum iriure dolor in hendrerit in vulputate velit esse molestie consequat, vel illum dolore eu feugiat nulla facilisis at vero eros et accumsan et iusto odio dignissim qui blandit praesent luptatum zzril delenit augue duis dolore te feugait nulla facilisi. Lorem ipsum dolor sit amet, consectetuer adipiscing elit, sed diam nonummy nibh euismod tincidunt ut laoreet dolore magna aliquam erat volutpat.

Ut wisi enim ad minim veniam, quis nostrud exerci tation ullamcorper suscipit lobortis nisl ut aliquip ex ea commodo consequat. Duis autem vel eum iriure dolor in hendrerit in vulputate velit esse molestie consequat, vel illum dolore eu feugiat nulla facilisis at vero eros et accumsan et iusto odio dignissim qui blandit praesent luptatum zzril delenit augue duis dolore te feugait nulla facilisi.

...und speichern

Damit Ihr Werk nicht verloren geht, rufen Sie einfach die Speicherfunktion von Notepad auf. Notepad ist in der Lage, Ihre Datei nicht nur auf der Festplatte, sondern sogar auf USB-Sticks, beschreibbaren CDs und DVDs oder Netzlaufwerken zu speichern.

Die Speicherfunktion lässt sich – wie Sie vielleicht schon erwartet haben – über unzählige Wege aufrufen:

1. Klicken Sie auf das Menü „Datei", und dann auf „Speichern" oder

2. Drücken Sie die Tastenkombination Alt-D, gefolgt von zweimal Cursor nach unten, gefolgt von Enter oder

3. Drücken Sie die Tastenkombination Alt-D, gefolgt von der Taste S oder

4. Drücken Sie die Tastenkombination Ctrl-S

Die vielfältigen Tastenkombinationen erläutere ich Ihnen in der technischen Referenz „Behind the Scenes" zu diesem Buch.

Dateien öffnen

Notepad kann über die gleichen Mechanismen Dateien auch wieder öffnen. Die Entwickler haben jedoch noch eine spezielle Funktion eingebaut, die die Wichtigkeit Ihrer Arbeit würdigen soll.

Je länger Ihr Text wird, je länger Sie also daran gearbeitet haben, desto länger braucht der Editor auch um diesen zu laden, und zwar nicht linear, sondern überproportional.

Das gilt auch für Dateien, die der Rechner mühevoll erstellt hat, wie zum Beispiel Log-Dateien. Netter Nebeneffekt: das Öffnen einer 30 MB grossen Textdatei gibt Ihnen genügend Zeit, sich einen Kaffee zu holen und sich auf das Betrachten der Datei vorzubereiten.

Text zu breit? Zeilenumbrüche einschalten!

Haben Sie bisher auch immer über Texte geflucht, die eine neumodische Zeilenlänge von mehr als 75 Zeichen haben? Notepad hat dagegen eine wirksame Funktion an Bord: den Zeilenumbruch.

Über das Menü Format (natürlich nicht im Menü Ansicht) können Sie die Zeilenumbrüche endlich erzwingen und so das geöffnete Dokument an die aktuelle Fenstergrösse Notepads anpassen.

Profi-Tipp: vermeiden Sie das Bearbeiten des Textes, wenn Sie Zeilenumbrüche eingeschaltet und danach die Fenstergrösse geändert haben. Es könnte sein, dass sich Notepad dabei in der Darstellung der aktuellen Zeile irrt.

Hmmm, lassen Sie mich kurz überlegen... vermeiden Sie generell das Bearbeiten von Text bei eingeschaltetem Zeilenumbruch.

Textblöcke manipulieren

Sie möchten ganze Absätze in Notepad an eine andere Stelle im Text verschieben oder kopieren? Der Editor macht es Ihnen leicht. Markieren Sie einfach den Textblock mit der Maus oder aber mit der Tastatur (natürlich beherrscht Notepad beide Methoden) und wählen Sie dann aus dem Menü Bearbeiten die Funktionen für Ausschneiden bzw. Kopieren und Einfügen aus.

Den Weg über das Menü (oder noch schlimmer: das Verwenden der Funktionen über die für Apple-User geheime rechte Maustaste) wird nur von Anfängern und solchen die es bleiben wollen gewählt. Vermeiden Sie also diese Art der Bedienung beim Ausschneiden/Kopieren/Einfügen von Texten. Bringen Sie Ihren Profi-Status durch die besonders effiziente Bedienung mittels Tastaturkürzeln zur Geltung. Ich erkläre diese in einem späteren Kapitel zwar separat, aber um auf genügend Seitenzahlen zu kommen, erwähne ich sie hier schon einmal vorab. Verwenden Sie...

Tastaturkürzel	für
Ctrl-C	Copieren
Ctrl-X	ausschneiden
Ctrl-V	EinVügen

Diese Tastaturkombinationen lassen sich sogar wahlweise mit der linken ODER der rechten Ctrl-Taste ausführen. Wer mag, kann nach Belieben auch die Shift-Taste dazu drücken.

Eine besonders unter Webdesignern und Word-Anwendern gern verwendete Power-Funktion von Notepad ist das Kill-Design-and-Format-Feature.

Notepad ist damit in der Lage, sämtliche (!) Formatierungen eines Textes aus der Zwischenablage zu entfernen, egal wie stark und skurril der Original-Text auch formatiert sein mag.

Und so geht's: kopieren Sie stark formatierten Word-Text in die Zwischenablage, und fügen Sie ihn danach in Notepad ein. Notepad kümmert sich um die puristische Darstellung, sogar Farben werden entfernt.
Markieren Sie nun wieder den gesamten, bereinigten Text in Notepad, kopieren Sie ihn in die Zwischenablage und fügen Sie ihn anschliessend in ein neues Word-Dokument ein. Der Text in Word ist jetzt nicht nur sauber, sondern rein.

Natürlich klappt das ganze auch mit Internet-Seiten.

Suchen und Ersetzen im Text

Notepad bietet im Menü „Bearbeiten" die Funktion „Suchen" an, mit der Sie nach bestimmten Zeichen oder Wörtern suchen können. Herausragend ist die Option „Gross-/Kleinschreibung beachten". Ist diese Option ausgewählt, wird nur nach Text gesucht, der in Gross- und Kleinschreibung genau Ihren Angaben im Suchfeld entspricht.

Das Beste kommt aber noch: um Rechenzeit zu sparen, durchsucht Notepad nie das ganze Dokument auf einmal. Wenn Sie sich mitten im Text befinden, können Sie im Suchen-Dialog auswählen, ob Sie weiter zum Ende des Textes hin oder doch eher zurück zum Anfang suchen möchten.

Einen Schritt weiter geht die Ersetzen-Funktion. Gesuchter Text wird hier mit dem zu ersetzenden Text ersetzt, sofern der Text gefunden wurde.

Hinweis: Notepad informiert sogar, wenn der Text nicht gefunden wurde.

Die interne Hilfe Notepads könnte den Umgang mit dieser Funktion treffender nicht beschreiben:

„Wenn Sie alle Vorkommen des Textes gleichzeitig ersetzen möchten, klicken Sie auf Alles ersetzen. Um jedes Vorkommen des Textes einzeln zu ersetzen, klicken Sie auf Weitersuchen und anschließend auf Ersetzen."

Eines jedoch verschweigt die Hilfe-Datei (deswegen gibt es ja auch Kompendien wie dieses hier ;-): Notepad nimmt auf Anwender extreme Rücksicht. Wenn Sie die Ersetzen-Funktion auf eine extrem grosse Datei (> 32 KB) anwenden und dabei das Notepad-Fenster maximieren, können Sie bis zu einem gewissen Grad beim Suchen und Ersetzen zuschauen. Notepad lässt sich bewusst etwas mehr Zeit dabei und bietet und Ihnen so Raum zur Entspannung. Kurz bevor Sie einschlafen schaltet das animierte Suchen und Ersetzen passend ab. Dieses Verhalten ist heute auch unter dem Schlagwort „Usability" bekannt.

Layout unter Notepad ausreizen

Viele Anwender wissen nicht, dass sie bei der Gestaltung des gesamten Textes in Notepad alle Freiheiten haben. Grenzen Sie sich davon ab und verpassen Sie Ihren Text-Dateien eine individuelle Note: definieren Sie die Notepad-Schriftart um (die im Standard auf „Lucida Console, 10, Standard, Westlich" gesetzt ist).

Wechseln Sie in das Menü „Format – Schriftart" und stellen Sie sich aus den unzähligen Kombinationsmöglichkeiten zwischen Schriftarten, Schriftschnitten, Schriftgraden sowie Skripten ihre Lieblingsschrift zusammen. Mit einem Klick auf OK wird das dann nicht nur für das aktuell geladene Dokument verwendet. Notepad wendet die von Ihnen gewählte Lieblingsschrift automatisch auf alle bisherigen und zukünftigen (!) Dokumente an, ohne sie dabei zu verändern (!!).

Tipp: machen Sie sich bei Ihren Kollegen besonders beliebt und stellen Sie deren Notepad-Schriftgrad heimlich auf „1" ein, sofern sie ihren Arbeitsplatz beim Verlassen nicht gesperrt haben.

Dateien auf den Druck vorbereiten

Seite vor dem Druck einrichten – gewusst wie. Den dazu notwendigen Dialog rufen Sie am besten per „Alt-D, R" auf. Notepad zeigt auch hier wieder einmal, dass es bis ins Detail ausgeklügelt ist. Sobald Sie Ihren Drucker auf dem System eingerichtet haben, ist der Editor in der Lage, diesen zu verwenden.

Dabei druckt Notepad nicht nur auf A4-Papier, sondern bietet eine schier unglaubliche Vielfalt an Papierformaten an. Von den meisten Formaten hat man selbst noch nie gehört und bekommt diese auch in keinem Schreibwarenladen. Sollte der Händler um die Ecke dann aber doch ein exotisches Format auf Vorrat haben – Notepad wird es beherrschen. Hochformat, Querformat, Randeinstellungen sind für den Editor dann nur noch reine Formsache.

Profis nutzen die vielfältigen Formatierungseinstellungen für die auf dem Ausdruck beliebten Kopf- und Fusszeilen. So steuert die Angabe „Seite &s" die Ausgabe der Seitenzahl. Das können Sie in der Kopf-, aber auch in der Fusszeile angeben, oder sogar in beiden.

Die geheimen Kopf- und Fusszeilen-Parameter gelten zu recht als Spezial-Know-How. Die folgende Tabelle gibt einen Überblick:

Parameter	ergibt
&n	Dateiname
&d	aktuelles Datum
&u	aktuelle Uhrzeit
&s	aktuelle Seitenzahl
&&	Kaufmännisches Und-Zeichen
&l	Linksbündiges Ausrichten
&c	Zentriertes Ausrichten der Zeile
&r	Rechtsbündiges Ausrichten

Verblüffen Sie Ihre Lieben doch mal mit der Eingabe von „&n && &d && &u && Seite &s &c" beim nächsten Einrichten der Seite, bevor Sie sich daran machen, das Dokument auszudrucken.

Dokument drucken

Es ist soweit. Das Dokument ist verfasst. Mit den Tipps aus den vorherigen Kapiteln haben Sie das Dokument auch so weit vorbereitet, dass es an den Drucker gesendet werden kann. Die Archivierung für die Ewigkeit ist nur einen Klick entfernt.

Der Aufruf des Drucken-Dialogs aus dem Datei-Menü, der am coolsten über „Ctrl-P" erscheint, ermöglicht Ihnen, das Dokument auf Papier zu bannen.

Auf einigen Rechnern ist Notepad damit sogar in der Lage, Dokumente in PDF umzuwandeln. Wie gesagt, nur auf einigen. Und dann auch nicht über eine Speichern unter oder Export-Funktion, sondern über den beschriebenen Drucken-Dialog. Gewusst wie.

Notepad behind the Scenes

Webseiten mit Notepad gestalten

Wenn Ihnen Content Management Systeme und Portal-Architekturen zu langsam und zu wenig effizient sind, wechseln Sie zu Notepad.

Eignen Sie sich am besten das gesamte Wissen zu HTML 4 und XHTML 1.0/1.1 in allen Varianten, CSS 2.1 und den 3er-Draft, JavaScript sowie AJAX an (Tipp des Autors: für AJAX nehmen Sie am besten die YUI-Klassen - aber vorher Doku lesen).

Wenn Sie mit Notepad wirklich interaktive Webseiten bauen wollen, schreiben Sie diese am besten in PHP, verfassen Sie umfangreiche SQL-Statements und bearbeiten Sie blind die INI-Dateien des Apache - für alles stellt Ihnen Notepad sein Eingabefenster zur Verfügung und unterstützt Sie so in Ihrer Kreativität.

Ach so: es hilft, die RFCs zu HTML, HTTP, SSL, SMTP und POP3 zu lesen und zu verstehen, um wirklich sichere Webseiten mit Notepad gestalten zu können. Da schliesst sich der

Kreis: die RFC-Dokus wurden selbst oft in Notepad verfasst und sind damit per se sicher.

Probieren Sie anschliessend das folgende Beispiel in Notepad aus und speichern Sie das Ergebnis als „index.html". Wie immer in UTF-8-Format.

```
<!DOCTYPE HTML PUBLIC "-//W3C//DTD HTML 4.01//EN"
"http://www.w3.org/TR/html4/strict.dtd">
<html>
  <head>
    <title>
      Lorem Ipsum
    </title>
  </head>


  <body>

    Lorem ipsum dolor sit amet, consectetuer
    sadipscing elitr, sed diam nonumy eirmod
    tempor invidunt ut labore et dolore magna
    aliquyam erat, sed diam voluptua. At vero
    eos et accusam et justo duo dolores et ea
```

rebum. Stet clita kasd gubergren, no sea takimata sanctus est Lorem ipsum dolor sit amet. Lorem ipsum dolor sit amet, consetetur sadipscing elitr, sed diam nonumy eirmod tempor invidunt ut labore et dolore magna aliquyam erat, sed diam voluptua. At vero eos et accusam et justo duo dolores et ea rebum. Stet clita kasd gubergren, no sea takimata sanctus est Lorem ipsum dolor sit amet. Lorem ipsum dolor sit amet, consetetur sadipscing elitr, sed diam nonumy eirmod tempor invidunt ut labore et dolore magna aliquyam erat, sed diam voluptua. At vero eos et accusam et justo duo dolores et ea rebum. Stet clita kasd gubergren, no sea takimata sanctus est Lorem ipsum dolor sit amet.

```
  </body>
</html>
```

Testen Sie die index.html in allen Browsern auf allen Betriebssystemen durch, derer Sie habhaft werden können. Sie werden sehen, warum Millionen Webdesigner Notepad lieben - der Editor hat Ihren Code Browser-übergreifend gespeichert!

Notepad als Mail-Editor

Mit Notepad lassen sich nicht nur Texte und Webseiten verfassen, sondern sogar E-Mails schreiben. Probieren Sie es einfach einmal aus und kehren Sie zurück zu den Ursprüngen des Internet.

1. Starten Sie Notepad

2. Schreiben Sie den Text Ihrer E-Mail. Verzichten Sie dabei bewusst auf Kokolores wie Formatierungen und Rechtschreibprüfung.

3. Moment, halt, verzichten Sie nicht auf Formatierungen. Erstellen Sie mit Notepad eine HTML-basierte E-Mail, um Ihre Kollegen zu beeindrucken. Ist nebenbei eine gute Wiederholung des vorherigen Kapitels.

4. Fertig? Speichern Sie die HTML-Mail möglichst UTF-8-kodiert ab, da Notepad diese Funktion anbietet.

5. Fragen Sie Ihren Administrator nach Einzelheiten zum Mail-Server Ihrer Firma. Verwenden Sie dabei Fachbegriffe wie offenes Relay, EHLO, Firewall und Mail-Authentifizierung. Lehnen Sie SSL-verschlüsselte Übertragungen grundsätzlich ab.

6. Verlangen Sie die technischen Angaben schriftlich.

7. Kopieren Sie die Mail aus Notepad in die Zwischenablage mittels „Ctrl-A, Ctrl-C".

    7.1 Wiederholen Sie während des Kopiervorgangs innerlich noch einmal das SMTP-Protokoll (siehe vorheriges Kapitel).

8. Öffnen Sie die Kommandozeile.

9. Connecten Sie sich per telnet zum Empfänger-Mailserver auf Port 25.

10. Spulen Sie das SMTP-Protokoll ab.

10.1 HELO ich.bin.es
10.2 MAIL FROM:ich@bin.es
10.3 RCPT TO:administrator@der-firma.de
10.4 DATA
10.5. Fügen Sie hier den Inhalt aus der Zwischenablage in das Terminal-Fenster ein. Notepad wird umgehend die Daten an das Terminal-Fenster, das zum Mail-Programm geworden ist, senden. Dies nennt sich in Fachkreisen Remote Procedure Call. Windows stellt Notepad extra dafür einen gleichnamigen Dienst zur Verfügung.
10.6. Geben Sie einen Punkt gefolgt von Enter ein.
10.7 QUIT

Individueller kann man Mails nicht versenden.

Profi-Tipp: versenden Sie Nachrichten auf diese Art und Weise an alle Gruppenmitglieder in der nächsten Session Ihres favorisierten Ego-Shooters.

Geheime Steuerbefehle

Verblüffen Sie Ihre Kollegen mit Notepad Spezial-Know-How: speziellen Kommandos, die – im Text ausgeführt – z.B. automatisch die aktuelle Uhrzeit im Dokument ausgeben.

Wenn Sie im Editor F5 drücken, wird die aktuelle Uhrzeit inkl. Datum minutengenau ins Dokument eingefügt.

Sie möchten, dass automatisch am Ende des Dokuments eine Historie erscheint, wann das Dokument zuletzt geöffnet wurde? Kein Problem. Geben Sie dazu einfach in die erste Zeile eines Dokumentes das Codewort „.LOG" ein (inkl. Punkt). Das Codewort muss alleine in der ersten Zeile stehen. Fortan protokolliert Notepad sämtliche Zeitstempel, wann die Textdatei zuletzt geöffnet wurde. Magic...

Notepad als Grafik-Programm

Wer genügend Zeit hat, kann mit Notepad selbstverständlich auch künstlerisch tätig werden und in ASCII-Art investieren. ASCII-Art versucht, Bilder mit Hilfe von Buchstaben, Ziffern und Sonderzeichen zu modellieren. Mit Notepad sind die Möglichkeiten grenzenlos, da es bereits mit allen Plugins zur Erstellung dieser aufwendigen Grafiken ausgestattet ist.

Ein Beispiel für ein in Notepad erstellbares Bild ist in seiner ganzen Pracht auf der nächsten Seite abgedruckt:

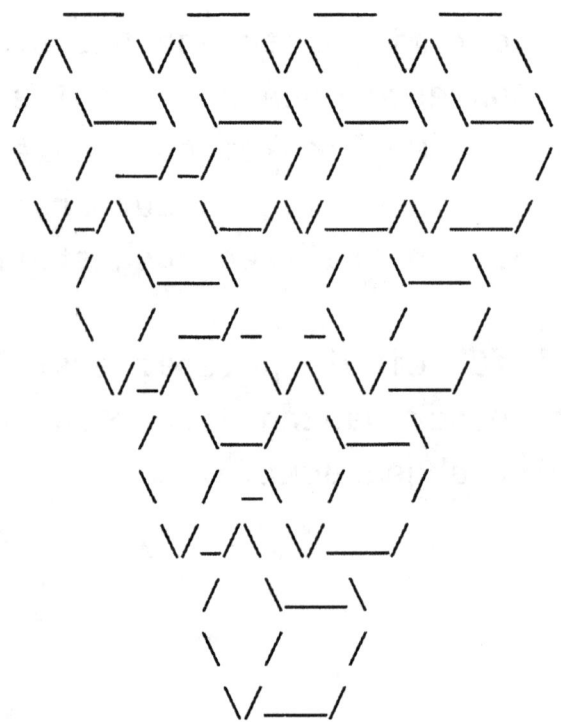

Verwenden verschiedener Sprachformate im Editor

Ich könnte die Verwendung verschiedener Sprachformate kaum besser beschreiben als die integrierte Hilfe in Notepad. Ich zitiere deshalb. Das Zitat zeigt auch, wie vielschichtig Notepad selbst in der Online-Hilfe ist – hier bekommt der Anwender nicht nur den Editor an sich erklärt, sondern wird quasi nebenbei noch in Informatik-relevanten Themen geschult:

> „Mit dem Editor können Sie Dokumente in verschiedenen Formaten erstellen und öffnen: ANSI, Unicode, Big-Endian-Unicode und UTF-8. Mithilfe dieser Formate können Sie Dokumente bearbeiten, in denen verschiedene Zeichensätze verwendet werden.
>
> Standardmäßig werden die Dokumente als Standard-ANSI-Text gespeichert.
>
> Unicode ist eine Obermenge der wichtigsten Schriftzeichen, die weltweit verwendet

werden. Diese Menge umfasst Zeichensätze für geschäftliche Zwecke und den Computerbereich. Beim Speichern eines Dokuments in Unicode können Sie den Textfluss und die Textrichtung anhand von Unicode-Steuerzeichen bestimmen (beispielsweise für Arabisch oder Hebräisch).

Bei einigen Schriftarten können nicht alle Unicode-Zeichen dargestellt werden. Wenn Zeichen in der Textdatei fehlen, verwenden Sie eine andere Schriftart, die das betreffende Zeichen einschließt. In der Regel sollten Sie Microsoft Sans Serif für Unicode-Zeichen verwenden.

Die Reihenfolge der Bytes (ein Byte ist eine Speichereinheit) für ein Wort in einem Unicode-Dokument, das mit einem Big-Endian-Prozessor erstellt wurde (beispielsweise einem Macintosh), ist genau umgekehrt zur Reihenfolge der Bytes in einem Dokument, das mit einem Intel-Prozessor erstellt wurde. Das wichtigste Byte belegt hierbei die kleinste Adresse, und das Wort wird beginnend mit dem Big

Endian gespeichert. Um Benutzern dieser Computer den Zugriff auf Ihre Dokumente zu ermöglichen, speichern Sie die Editor-Datei im Format Big-Endian-Unicode.

UTF steht für "Universal Character Set Transformation Format". UTF-8 bezeichnet die 8-Bit-Version von Unicode. Wenn Sie ältere Übertragungsmedien verwenden, die lediglich 8 Bit an signifikanten Daten in einzelnen Bytes unterstützen, speichern Sie die Dokumente in UTF-8."

Damit sollte alles gesagt sein.

Notepad programmieren

Der Editor stellt sein Eingabefenster nicht nur Ihnen, sondern auch allen anderen Windows-Programmen über alle möglichen Programmierschnittstellen zur Verfügung.

Wir probieren das jetzt einfach mal mit Notepad, ein wenig SQL und Visual Basic for Applications in Word aus. Das folgende Programm zeigt Ihnen, wie oft Ihr geliebter Editor auf Ihrem Rechner läuft.

```
Sub main()

    Set winmgmts = GetObject("winmgmts:")
    Set myresult = _
     winmgmts.ExecQuery("select * " + _
     " from win32_process where  
     name='notepad.exe'")
    MsgBox Trim(Str(myresult.Count)) + _
     " instances of Notepad running."

End Sub
```

Tipp: lassen Sie sich dieses Beispiel einmal auf der Zunge zergehen. Notepad ermöglicht es uns hier, die Windows-Prozessliste mittels SQL abzufragen!

Source-Code mit Notepad bearbeiten

Ein echter Programmierer braucht keine integrierte Entwicklungsumgebung und lehnt diese natürlich auch vehement ab. Notepad – in Sachen Retro ein Paradebeispiel – unterstützt Sie in diesem Trend. Deinstallieren Sie Ihre IDEs und öffnen Sie Ihren Quelltext in Notepad. Mit der Funktion „Gehe zu", die sich im Bearbeiten-Menü befindet, bietet Notepad alles, was das Entwickler-Herz begehrt. Springen Sie wie von Geisterhand an die passenden Stellen in Ihrem Source-Code, am besten natürlich per Shortcut: „Ctrl-G, 2, Enter" lässt den Cursor blitzartig in Zeile 2 erscheinen.

Profi-Tipp 1: dabei brauchen Sie natürlich nicht die Anzahl Zeilen Ihres Source Codes zu zählen, das erledigt Notepad für Sie. Springen Sie mit der Tastenkombination „Ctrl-End" ans Ende Ihres Programms und drücken Sie anschliessend „Ctrl-G". Voilà. Fortan wissen Sie, wie viele Zeilen Source Code Ihr Programm enthält. Der richtige Einsatz von „Ctrl-G" erleichtert die Navigation ungemein.

Profi-Tipp 2: Natürlich funktioniert das ganze nur bei ausgeschaltetem Zeilenumbruch, wie schon früher einmal erwähnt.

Ich werde oft gefragt, welchen Source Code man mit Notepad bearbeiten kann. Die Antwort ist nicht leicht, die Entwickler Notepads haben das nicht dokumentiert. Die Microsoft Knowledge-Base schweigt sich dazu ebenfalls aus. In vielen IT-Projekten wird der Editor aber für folgende Programmiersprachen eingesetzt, teils wird der Einsatz Notepads in der Entwicklung sogar auf Webseiten stolz präsentiert („made with notepad"):

A

* AADL
* AAIMS
* aal
* AAPL
* AARDVARK
* Abacus
* ABACUS 10
* ABACUS/X
* AACC
* ABAP

* ActionScript
* Ada
* ADbasic
* AGENT-0
* AgentSpeak(L)
* Agilent VEE
* AHDL
* Aleph
* ALGOL (ALGOL 60, ALGOL 68)
* Amber
* AMPL
* APL
* AppleScript
* AspectJ
* Assemblersprache
* Autocoder
* Autohotkey
* AutoIt
* Avenue
* awk (awk, gawk, mawk, nawk)
* AWL
* AXLE
* AXIS

B

- B
- BASIC
- bash
- BCPL
- BeanShell
- Beatnik
- Befunge
- Beta
- BLOG
- Boo

C

- C
- C++
- C#
- C/AL
- Caml
- C for graphics
- Chapel
- Charity
- Chef
- CHILL
- CIP-LS
- CL

* Clarion
* Clean
* Clipper
* CLIPS
* CLU
* Cluster
* COBOL
* Comal
* Comega
* Common LISP
* Component Pascal
* ConGolog
* CONZEPT 16
* COOL:GEN
* Corn
* CURL

D

* D
* DarkBASIC
* Datalog
* Datastage
* Deadalus
* Delphi
* DMDScript
* DTGolog
* Dylan

E

* E
* EASY
* Eden
* Eiffel
* ELAN
* ELF
* Erlang
* Esterel
* Euphoria
* EXEC

F

* F
* Factor
* Faust
* freeBASIC
* FORTH
* FORTRAN
* Fortress
* Fpii

G

* Gambas
* Gofer
* Groovy
* G
* GML (Game Maker Language)

H

* HAL
* Haskell
* HQ9+
* HTML (Hypertext Markup Language)
* Hypertalk

I

* IBAL
* ICI
* Icon
* IDL
* Intercal
* Io

J

* J
* Jasmin
* Java
* Java2K
* JavaScript (JScript, ECMAScript, DHTML)
* Joy
* jProfan
* JScript
* Jython (JPython)
* J#
* J++

K

* Kylix
* KIX32

L

* LabVIEW
* LALO
* Lingo
* Limbo
* Linda
* LISP

* Logo
* Lolcode
* LPC
* Lua
* Lush
* Lustre

M

* M4
* Malbolge
* Mantra
* Mathematica
* MDL
* Mercury
* Mesa
* Miranda
* ML
* Modula (Modula-2, Modula-3)
* Mumps
* Mycin (E-Mycin)
* MSL (mIRC Scripting Language)

N

* NATURAL
* NewtonScript

* Nemerle
* Nice
* NQC
* Nyquist

O

* O#
* Oberon
* Object REXX
* Objective-C
* Objective-C++
* OCaml
* Object-Pascal
* Occam
* Octave
* Opal
* OPL
* Ook!
* Oz

P

* Pacbase
* Paradox
* Pascal (Turbo Pascal)
* Pawn

* PEARL
* Perl (Larry Wall, 1987)
* Phalanger
* PHP
* Piet
* Pike
* PILOT
* PL/0
* PL/I
* PL/M
* PL/P
* PL/SQL
* PLACA
* Pocol (Siemens)
* PowerBASIC
* Processing
* Progres (Andy Schürr)
* Prolog
* Promela
* Prosa (Siemens 2002)
* Prothon
* Profan / XProfan
* Puck
* PureBasic
* Pure Data
* Python (Guido van Rossum)

R

* R
* RapidBATCH
* REALbasic
* REBOL
* REFAL
* REXX
* RPG
* RSL (RAISE Specification Language)
* Ruby

S

* S
* SAIL (Stanford AI Language)
* Sather
* Scala
* Scheme
* SCL
* Scratch
* Scriptol
* Sculptor 4GL
* Seed7
* Self
* Shell (sh, ksh, bash, csh, zsh)
* Simula

* SIRON
* Slate
* Sleep
* Smalltalk
* SNOBOL4
* Sonnyscript
* SP/L
* SQL
* SR
* Suneido
* StarOffice Basic
* Superx++

T

* Tcl
* TECO
* Tipi
* Transact SQL
* TSL Tool Script Language (HSB-CAD)
* Turing

U

* Uniface

V

* Vala
* VEE
* Visual Basic (VB, VB.NET)
* Visual Basic for Applications (VBA)
* Visual Basic Script (VBScript)
* Visual Objects (VO)
* VoiceFlux:Pro Script Sprache (VFs)

W

* WEB
* whitespace
* Winbatch
* WMLScript
* WLanguage (WinDev, WebDev, WinDev Mobile)

X

* X10
* X++
* XBase
* XBase++
* Visual XBase++
* XHTML
* XL

* XOTcl
* XProfan
* XSLT

Z

* Zer0 Tolerance

Diese Liste mit Programmiersprachen findet sich in ungekürzter Form auch auf Wikipedia.de.

Tastaturkürzel

Wer auf seine Kollegen wie ein Guru wirken will, beherrscht Notepad am Besten nur über die Tastatur. Vor dem Ruhm hat der liebe Gott allerdings den Fleiss gesetzt - die folgende Tastaturkürzel-Tabelle lernt man am besten auswendig, um richtig Eindruck zu schinden. Um das Lernen zu vereinfachen, habe ich die Tastaturkürzel wieder in drei Tabellen unterteilt, je eine für Anwender, Power-User und natürlich eine für die Programmier-Profis.

... für Anwender

Tastaturkürzel	Funktion
0	0
1	1
2	2
3	3
4	4
5	5
6	6
7	7
8	8
9	9
A	A
B	B
C	C
D	D
E	E
F	F
G	G
H	H
I	I
J	J
K	K
L	L
M	M

N
O
P
Q
R
S
T
U
V
W
X
Y
Z
[
\
]
^
_
`
a
b
c
d
e
f
g
h

N
O
P
Q
R
S
T
U
V
W
X
Y
Z
[
\
]
^
_
`
a
b
c
d
e
f
g
h

```
i          i
j          j
k          k
l          l
m          m
n          n
o          o
p          p
q          q
r          r
s          s
t          t
u          u
v          v
w          w
x          x
y          y
z          z

¬!         !
"          "
#          #
$          $
%          %
&          &
'          '
(          (
```

)	)
*	*
+	+
,	,
-	-
.	.
/	/
:	:
;	;
<	<
=	=
>	>
?	?
@	@
{	{
|	|
}	}
~	~
□	□
€	€
□	□
'	'
ƒ	ƒ
"	"
…	…
†	†
‡	‡

ˆ ‰ Š ‹ Œ ☐ Ž ☐ ☐ ' ' " " • — – ˜ ™ š › œ ☐ ž Ÿ ¡ ¢ £

ˆ ‰ Š ‹ Œ ☐ Ž ☐ ☐ ' ' " " • — – ˜ ™ š › œ ☐ ž Ÿ ¡ ¢ £

¤	¤
¥	¥
¦	¦
§	§
¨	¨
©	©
ª	ª
«	«
¬	¬
®	®
¯	¯
°	°
±	±
²	²
³	³
´	´
µ	µ
¶	¶
·	·
¸	¸
¹	¹
º	º
»	»
¼	¼
½	½
¾	¾

¿ À Á Â Ã Ä Å Æ Ç È É Ê Ë Ì Í Î Ï Ð Ñ Ò Ó Ô Õ Ö × Ø Ù

¿ À Á Â Ã Ä Å Æ Ç È É Ê Ë Ì Í Î Ï Ð Ñ Ò Ó Ô Õ Ö × Ø Ù

Ú	Ú
Û	Û
Ü	Ü
Ý	Ý
Þ	Þ
ß	ß
à	à
á	á
â	â
ã	ã
ä	ä
å	å
æ	æ
ç	ç
è	è
é	é
ê	ê
ë	ë
ì	ì
í	í
î	î
ï	ï
ð	ð
ñ	ñ
ò	ò
ó	ó
ô	ô

õ	õ
ö	ö
÷	÷
ø	ø
ù	ù
ú	ú
û	û
ü	ü
ý	ý
þ	þ
ÿ	ÿ

... für Power-User

Alt-D	Datei-Menü (deu-Version)
Alt-D, N	Neue Datei
Alt-D, F	Datei öffnen
Alt-D, S	Datei speichern
Alt-D, U	Datei speichern unter
Alt-D, R	Seite einrichten
Alt-D, D	Datei drucken
Alt-D, B	Notepad beenden
Alt-B	Bearbeiten-Menü
Alt-B, R	Rückgängig
Alt-B, A	Ausschneiden
Alt-B, K	Kopieren

Alt-B, I	Einfügen
Alt-B, L	Löschen
Alt-B, U	Suchen
Alt-B, W	Weitersuchen
Alt-B, E	Ersetzen
Alt-B, G	Gehe zu
Alt-B, M	Alles markieren
Alt-B, D	Uhrzeit einfügen
Alt-O	Format-Menü
Alt-O, Z	Zeilenumbruch
Alt-O, S	Schriftart
Alt-A	Ansicht-Menü
Alt-A, L	Statusleiste
Alt-?	?-Menü
Alt-?, H	Hilfethemen
Alt-?, O	O wie Info

... für Programmierer

Ctrl-N	Neue Datei
Ctrl-O	Datei öffnen
Ctrl-S	Datei speichern
Ctrl-P	Datei drucken
Ctrl-Z	Rückgängig
Ctrl-X	Ausschneiden
Ctrl-C	Kopieren

Ctrl-V	Einfügen
Del	Löschen
Ctrl-F	Suchen
Ctrl-H	Ersetzen
Ctrl-G	Goto
Ctrl-A	Alles markieren
F1	Hilfe aufrufen
F3	letzte Suche weiterführen
F5	Uhrzeit einfügen
F10	ins Menü wechseln
PrtScr	grosses Bildschirm-Foto
Alt-PrtScr	kleines Bildschirm-Foto
Home	an den Anfang einer Zeile
End	an das Ende einer Zeile
PgUp	eine Bildschirmseite hoch
PgDn	eine Bildschirmseite runter
Cursor links	ein Zeichen links
Cursor rechts	ein Zeichen rechts
Cursor hoch	eine Zeile hoch
Cursor runter	eine Zeile runter
CAPS LOCK	ALLE BUCHSTABEN GROSS
Tab	Text an Spalten ausrichten
Windows-Taste-L	wie Ctrl-Alt-Del, Enter
Windows-Taste-M	alles minimieren
Windows-Taste-Shift-M	und wieder rückgängig

Einige dieser Tastenkombinationen können noch beliebig mit der Alt- oder der Shift-Taste gewürzt werden, was allerdings den Rahmen dieses Kompendiums sprengen würde. Versuchen Sie sich einmal an der Tastenkombination „Ctrl-Home" oder „Shift-Cursor rechts".

Die meisten Tastaturkürzel stellt Notepad in dieser Form auch Windows und allen anderen Programmen zur Verfügung. Das Auswendiglernen dieser Tabelle lohnt also gleich mehrfach.

Notepads Hidden Easter Egg

Bis zur XP-Version (SP3) enthält der Editor eine versteckte Funktion, in der sich die Entwickler ohne Kenntnis der Firmenleitung verewigt haben. Da es der Entwickler-Mannschaft von Microsoft inzwischen untersagt ist, ihre Zeit mit der Programmierung solch aufwendiger „Easter Eggs" zu verbringen, findet sich die Überraschung nicht mehr in den Versionen ab Windows Vista.

Wie gelangt man an diese Funktion?

Öffnen Sie auf eine der unzähligen Arten den Editor, schreiben Sie den Satz „Bush hid the facts", speichern und schliessen Sie das Dokument und öffnen Sie es wieder. Notepad verheimlicht nun vor Ihnen den eingegebenen Satz und führt Ihnen so dessen Bedeutung noch einmal in künstlerischer Art und Weise vor Augen.

Die Entwickler fanden diese Funktion so cool, dass sie sie sogar allen anderen Windows-Programmen zur Verfügung gestellt haben. Das ganze funktioniert deshalb auch in Wordpad (der kleinen Schwester von Notepad), wenn der Satz dort in reinstem Text-Format gespeichert wird.

Kommandozeilen-Parameter der notepad.exe

Die „notepad.exe"-Datei findet sich an mindestens drei Stellen in einem 32-bit System: im „Windows"-Ordner, im „Windows\System32" und im „Windows\System32\DllCache". Der Aufruf der notepad.exe auf der Kommandozeile kann mit bis zu zwei Parametern kombiniert werden, als da wären:

Beliebiger Dateiname   öffnet das Dokument
/p   druckt das Dokument

Beispiel:

notepad.exe /p c:\temp\test.txt
(druckt die Datei c:\temp\test.txt)

Geheime Registry-Keys

Notepad kann über eine ganze Reihe von Registry-Keys getunt werden, und das getrennt für jeden Benutzer unter Windows. Diese Art des Eingriffs ins Herz des Systems (das so genannte Tweaking) sollte nur von Profis durchgeführt werden, die die Einstellungen über das GUI von Notepad komplett ablehnen.

Wer spezielle Notepad-Einstellungen für alle Nutzer des Rechners festlegen möchte, erstellt am besten mit Hilfe des Registry-Editors „regedit.exe" (einem rustikalen Kollegen

Notepads) einen Registry-Hive, importiert die abgebildeten Settings und entlädt den Hive in eine neue NTUSER.DAT - diese kann man dann allen allen Anwendern als Default zur Verfügung stellen.

[HKEY_CURRENT_USER\Software\Microsoft\Notepad]
"lfEscapement"=dword:00000000
"lfOrientation"=dword:00000000
"lfWeight"=dword:00000190
"lfItalic"=dword:00000000
"lfUnderline"=dword:00000000
"lfStrikeOut"=dword:00000000
"lfCharSet"=dword:00000000
"lfOutPrecision"=dword:00000003
"lfClipPrecision"=dword:00000002
"lfQuality"=dword:00000001
"lfPitchAndFamily"=dword:00000031
"iPointSize"=dword:00000064
"fWrap"=dword:00000001
"StatusBar"=dword:00000001
"fSaveWindowPositions"=dword:00000000
"lfFaceName"="Lucida Console"
"szHeader"="&n && &d && &u && Seite &s &c"
"szTrailer"="Seite &s"
"iMarginTop"=dword:000009c4
"iMarginBottom"=dword:000009c4

```
"iMarginLeft"=dword:000007d0
"iMarginRight"=dword:000007d0
"fMLE_is_broken"=dword:00000000
"iWindowPosX"=dword:000001da
"iWindowPosY"=dword:000000c9
"iWindowPosDX"=dword:000001d2
"iWindowPosDY"=dword:0000018c
```

Alternativen zu Notepad

Dzu gibt es nicht viel zu sagen, ausser:

- Vi (in Kombination mit Telnet) und
- Emacs (in der Version von 1984).

Literatur und Links

Notepad-eigene Hilfedatei
Zu erreichen über F1

Durchaus kritischer Wikipedia-Artikel unter
http://de.wikipedia.org/wiki/Notepad ;-)

Notepad-Huldigungs-Site
http://www.notepad.org

Für Anwender, die ihre Sites mit Notepad erstellen
http://www.madewithnotepad.com

www.ingramcontent.com/pod-product-compliance
Lightning Source LLC
Chambersburg PA
CBHW082358220526
45470CB00008B/2794